Die

Zapfen

heimischer und kultivierter Nadelgehölze

im Vergleich

QUELLE & MEYER
BESTIMMUNGSKARTEN

Weiß-Tanne
Abies alba

Küsten-Tanne
Abies grandis

Korea-Tanne
Abies koreana

Edel-Tanne
Abies procera

Andentanne
Araucaria araucana

Atlas-Zeder
Cedrus atlantica

Zypern-Zeder
Cedrus brevifolia

Lawsons Scheinzypresse
Chamaecyparis lawsoniana

Japanische Sicheltanne
Cryptomeria japonica

Gewöhnlicher Wacholder
Juniperus communis

Europäische Lärche
Larix decidua

Japanische Lärche
Larix kaempferi

Sibirische Lärche
Larix sibirica

Gewöhnliche Fichte
Picea abies

Serbische Fichte
Picea omorika

Sitka-Fichte
Picea sitchensis

Monterey-Kiefer
Pinus radiata

Pech-Kiefer
Pinus rigida

Wald-Kiefer
Pinus sylvestris

Tränen-Kiefer
Pinus wallichiana

Goldlärche
Pseudolarix amabilis

Douglasie
Pseudotsuga menziesii

Riesenmammutbaum
Sequoiadendron giganteum

Sumpfzypresse
Taxodium distichum

Grannen-Kiefer
Pinus aristata

Höcker-Kiefer
Pinus attenuata

Tempel-Kiefer
Pinus bungeana

Kanaren-Kiefer
Pinus canariensis

Latschen-Kiefer
Pinus mugo

Schwarz-Kiefer
Pinus nigra

Mädchen-Kiefer
Pinus parviflora

Rumelige Kiefer
Pinus peuce

Riesen-Lebensbaum
Thuja plicata

Kanadische Hemlock
Tsuga canadensis

Westliche Hemlock
Tsuga heterophylla

Wollemie
Wollemia nobilis

Bildnachweis:
Alle Bilder stammen von Dr. Mirko Liesebach.

Projektberatung und Zusammenstellung:
Dr. Mirko Liesebach (Deutsche Dendrologische Gesellschaft)

Weiterführende Literatur:
Schmidt/Hecker: Die wildwachsenden und kultivierten Laub- und Nadelgehölze Mitteleuropas (ISBN 978-3-494-01800-3)
Lüder: Grundkurs Gehölzbestimmung (ISBN 978-3-494-01915-4)

ISBN 978-3-494-01988-8
Best.-Nr.: 494-01988
www.quelle-meyer.de

9 783494 019888

QUELLE & MEYER BESTIMMUNGSKARTEN